Alchemie Survival Guide
Das labyrinth leicht gemacht

STEVEN SCHULE

Copyright © 2012 Steven Schule.

Alle rechte vorbehalten.

ISBN:1496081803
ISBN-13:9781496081803

WIDMUNG

Ich widme diese arbeit der menschen, die die bedeutung des wortes integritat zu erinnern.

INHALT

	Bestätigungen	Ich
1	Quecksilber.	9
2	Mythen.	Pg #12
3	Ausrustung.	Pg #16
4	Menstruums.	Pg #18
5	Extraktion Von Essenzen.	Pg #19
6	Grundlegende Spagyrische Technik.	Pg #20
7	Erweiterte Spagyrische Technik.	Pg #22
8	Helvetius Methode.	Pg #24
9	Sendivogius Methode.	Pg #25
10	Multiplikation des Steins.	Pg #26

BESTÄTIGUNGEN

Ich werde die Worte und Werke des alten Weisen, der die Wahrheit, und es deutlich sichtbar, für diejenigen, die Augen haben zu sehen.

ALCHEMY SURVIVAL GUIDE.

Wir beginnen unsere Reise.

1 QUECKSILBER.

Ich möchte dieses Buch mit eine offene und ehrliche Diskussion auf das wahre Quecksilber über die alten Salbei zu beginnen. Diese geheimnisvolle Substanz, wurde von vielen Namen bezeichnet. Hermes Trismegistos nannte es das alles in einem, denn es nur eine Substanz ist, und es enthält in sich alles, was für das gesamte Werk der Schöpfung und Multiplikation von der Lapis Philosophorum benötigt wird.

Dieses Quecksilber ist von dualer Natur für ein paar Gründe, es ist beides weiß und rot, Heiß und Kalt, Trocken und feucht. Es ist eine Kristall klare Flüssigkeit, Durch Destillation pro Kammer. Wenn es sich um leicht verdampft Warmen sand, auch bekannt als die ägyptischen Feuer, wird es zu einem Schöne klare magnetische Salz. Daher besitzt es Eigenschaften Trocken und feucht, heiß und kalt. Es enthält in sich Sol und Luna, Mann Wie bei den Frauen. In der trockenen Form dieses Salz ist Sol, unsere philosophische Leben Gold, der Mann. In seiner nassen oder flüssiger Form, es ist Luna, Unsere philosophische lebens- silber, das Weibchen. Es ist Sie vertreten verschiedene Länder durch unterschiedliche Symbole, auf Chinesisch Kultur Es ist das Yin und Yang Symbol. In anderen Teilen der Welt Es ist bekannt durch das Symbol des Ourobos, zwei Schlangen Entstanden in einem Kreis, frisst jeden anderen am Schwanz, eine Schlange hat Flügel Was darauf hindeutet, dass es ist ein flüchtiger Speicher, das ist Luna, das Wasser. Die andere Schlange hat keine Flügel denn er ist fest, er Hat sich zu einem soliden crystal clear Salz. Dieses Salz können immer noch flüchtige Bei hohen Temperaturen, ist die, warum manchmal verschlossenen Eier werden verwendet für Bestimmte Teile der arbeiten, Auch weil bei Verbindung wird, also die Vereinigung der Stecker auf die Frauen, wir wollen nicht, dass eine von den flüssigen Teil verdunstet während der Prozess, es müssen alle zu Stein was gibt es die Gewicht.

ALCHEMY SURVIVAL GUIDE.

Nun, das Quecksilber, in seiner trockenen Form, die ist Sol, wenn es sich in einem versiegelten Glas Ei in eine Wanne mit warmem sand und zu unterziehen Coction, das heißt kochen, und wenn Sie sehr langsam und Erhöhen Sie stufenweise die Wärme von grad, diese klare magnetische Salz wird zuerst Weiß, dann als durchsichtige gold Glas, und schließlich Durchscheinende Blut rot. Sie sehen also die Rötung ist versteckt in der Weißheit, und wenn Sie sich diese roten Stein in eine klare Flüssigkeit wird es schimmert es an Die Farbe der Rötung, aber richtig verdünnt bringt es zurück In der Farbe des flüssigen Gold. Quecksilber ist ein flüchtiger Geist, ist es bei Zuerst eine solide und unreine Salz, aber beim destillieren sie volatizes und Geht an der Spitze als Dampfsperre, sammeln in ihrem Gefäß in seiner kristall klare flüssig, und dann auf schonende Verdampfung wird ein Reine, feste kristalline Salz.

Nun dieses Salz ist das universelle Heilmittel der Natur. Es ist sehr leistungsstark und Starke, nicht verschlucken oder eines anderen als Tinktur, die ordnungsgemäße Dosierung und Verschreibung war nur bekannt, dass die Meister der höchsten Ordnung, und die falsche Nutzung von it Wird nur Schaden bringen.

Der wahre magnetische Prinzip dieses Salz wird oft falsch verstanden, es geht nicht Magnetische bis hin zu Metallen, es wirkt wie ein Magnet durch die Tatsache, dass es zieht Die universale Kraft des Lebens zu sich selbst, die ausgeblendet Astrale Geist, der belebt alle Dinge auf der Erde und somit Bietet die universelle Kraft des Lebens zu den bewegten Körper. Das Salz wirkt als Eine Decke über diese unsichtbare Kraft des Lebens, das ist der Geist der Gott. Im Falle von einem Baum zum Beispiel, das Holz steht dabei Die Stelle, wenn sie mit den unsichtbaren Geist oder leben Kraft, dann ist es Animierte und gilt als am Leben zu sein, aber wenn der universelle Geist verlässt den Baum, dann ist das nicht mehr belebt, und es ist nun Als tot zu sein.

Sie Quecksilber, Quecksilber, Quecksilber und durch Quecksilber. Diese Steht für Verbindung, die Vereinigung des weiblichen, der Mann. Es auch Entspricht Multiplikation jedes Mal wiederholt es sich, für die Vermehrung ist Nichts aber starke Durchtränkung, die zum Wiederholen der Verbindung, Jedes Mal wird dieser Prozess zum Abschluss gebracht ist es bekannt als Eine Umdrehung des Rades, oder eine Vermehrung von Stein, so dass die Salz ist der weiße Stein, noch es mit genau der gleichen klare Flüssigkeit , mit der sie dieses Salz ist bekannt als Multiplikation. Wenn Die Verbindung, oder Multiplikation, (die sich beide das gleiche), ist Mit Keine Externe Beheizung der Ei, dann erhöht er den weißen Stein. Sobald der Feste weiße Stein ist erreicht, wenn es sich um externe Wärme zugeführt wird, die es ist zu sagen Die Kunst des Kochens, oder die Unterwerfung der Stoff zu Sanfte coction, dann wird es auch bei der Roten Stein Über Zeit. Nicht Anzünden der Brand von außen vor der festen weißen Stein ist Gewonnen. Quecksilber, das ist auch philosophische Gold und Silber ist ein Salz, es ist Gut versteckt in der Natur, die meisten Künstler noch nie etwas zu finden, aber mit der Hilfe Über meine Arbeit und meine Serie der alchemistische Bücher, ihre Chancen bei der Suche nach diesem geheimnisvollen Stoff sind sehr Hoch. Dieses Salz wurde durch eine Vielzahl Der Namen im Hinblick auf noch mehr zu verwirren, wie z. b. der alkahest für Eine, aber um die Sache einfach zu halten werden wir von nun an in Der Rest des Buches, siehe dieses Salz in seiner trockenen Form wie Sol, und In der feuchten Form wie Luna.

Sie sollten auch wissen, dass das Quecksilber von den Alchemisten, das insbesondere auf Salz, ist nicht häufig Quecksilber, es besteht nicht aus Elementares Quecksilber, dies hat nichts zu tun mit Quecksilber. Die Gemeinsames Element Quecksilber ist ein gefährlicher und giftiger Stoff, es ist niemals Die wahre Kunst der Alchemie, es ist nie in unsere Arbeit, tun Nicht zu verwechseln über dieses Thema habe ich das ganz deutlich gemacht, es erleuchtet Sie sozusagen in diesem Bereich. Bleiben Sie weg von der Element Quecksilber.

Sie sollten jetzt über ein klares Verständnis der Prinzipien der Alchimisten Quecksilber, das ist eine Sache, es gibt sowohl im trockenen und feuchten Zustand, es ist Weißheit, es enthält Rötung in sich selbst, in seinen trockenen Form es Ist Sol, es ist die Stelle des Steins, in ihrer feuchten Form es ist Luna, es ist der Multiplikator für den Stein, Luna den Geist, wird verwendet, um Immer wieder auflösen und zum Koagulieren, Sol.

Auflösen und zum Koagulieren, das ist alles, was erforderlich ist. Viele Worte wurden Dient zur Beschreibung einer Sache, um zu verwirren, wie z. b. Verbindung, cohobation, Multiplikation, starke Durchtränkung, diese einfach alle Bedeutet es, dass man sich allmählich goss etwas von der Luna von Tropfen, in Ihr Glas Ei, sitzt in einem Topf mit warmen Sand, ich meine luke warmen sand Auf der heißesten, oder auch die Wärme der Sonneneinstrahlung durch Einfach das Inverkehrbringen dieser Pfanne aus in der Sonne, ohne Externe Wärme, die Flüssigkeit wird in einem sehr kleinen Teil wird Trocken in einem Salz, dieser Prozess wird fortgesetzt, nach und nach Hinzufügen eines Einige Tropfen auf die getrocknete Substanz, Und lassen Sie es trocknen, wird diese Form der weißen Steinen und ständig Die Dateigröße erhöhen, das heißt, dass sie sich vermehren die Sol, Mit der Luna. Dies wird fortgesetzt, bis die Größe des Gehäuses hat Erreicht die gewünschte Ebene, es Gliedmaßen haben erweitert und erheblich stärker geworden. Es ist Eine Vertiefung dieses Prozesses, die werden wir in einem späteren Kapitel Vermehrung.

Die weißen Quecksilber, und das rote Quecksilber sind aber eine Sache, es ist nichts anderes als Die weißen Quecksilber, während coction innen aktiviert ist Nach außen, das heißt ihr Rötung wird durch Hitze, die Rot oder Citrin Quecksilber ist einfach die weißen Quecksilber in der Phase der Rötung. Zwei mercuries sind nicht vorhanden, es gibt nur einen haben, können wir es in flüssiger Form, können wir es bis zur Trockne eingedampft, können wir es zu whiteness, können wir es zu Citrin, und schließlich können wir es zu Rötungen, aber Sie müssen verstehen, dass es nur eine Sache, die Form anders angezeigt wird in unterschiedlichen Entwicklungsphasen der großen Arbeit, die eine einzelne Substanz, ist alles, was notwendig ist für den gesamten Prozess.

MYTHEN UND FAKTEN.

In der Kunst der Alchemie gibt es eine Vielzahl von Mythen, dass viele Personen haben versehentlich getroffen zu glauben als Tatsache, in den Jahren des Studiums und der Forschung habe ich viele Versuche durch, um die Wahrheit zu finden, durch manuelle Erfahrung, ich werde jetzt diese Ergebnisse mit Ihnen in Verbindung setzen, um zu helfen, sie in der richtigen Pfad und für die Senkung ihres Chancen, was gemeinhin als verloren im Labyrinth.

Zuerst von allen, den Mythos über die Existenz von zwei mercuries, dies ist falsch, denn es gibt nur eine Quecksilber.

Die nassen Hände, dieser Stoff ist real, ICH haben Sol, durch Eindampfen Luna bis zur Trockne eingedampft, die Flüssigkeit wird ein trockenes Salz, das ist jetzt das Wasser keine Benetzung der Hände, der häufig in den Werken von Michael Sendivogius.

Die Früchte für die solare und lunare Ölbäume im Sinne der Arbeiten von Sendivogius, HABE ICH entschlüsselt diese Elemente auch für sie, die Früchte der solar tree ist Sol, das trockene Salz, das ist unsere lebende Philosophie gold, die männliche Substanz. Die Frucht des Lunar Baum, ist Luna, die flüssiges Quecksilber, die weiblichen Stoff, unser Leben philosophische Silber. Die zwei, die sich zusammen in Verbindung, oder die hermetische Hochzeit.

Der alkahest löst häufig gold wie Eis in warmes Wasser, dies ist nur zum Teil richtig, aber meist falsch. Denn unser Gold ist unser Salz, und unser Wasser wird schnell auflösen dieses Salz, so als ob sie sie zu gießen eine kleine Menge Salz in ein Glas Wasser häufig, würden sie sehen das Salz langsam in das Wasser. Aber unsere Quecksilber wird nicht und kann nicht, löst sich häufig Gold oder Silber, habe ich umfangreiche Erfahrungen in diesem Bereich, und entdeckt durch manuelle Erfahrung, diese Tatsache.

Gemeinsame gold benötigt wird für die tolle Arbeit, das ist falsch.

Gemeinsame Silber benötigt wird für die tolle Arbeit, das ist falsch.

Denn unser Salz auf der Stufe der Reinheit ist Silber, diese gleichen Salz auf die Stufen, die Folgen über whiteness wird als Gold.

Gemeinsam ist Quecksilber erforderlich für die großartige Arbeit?, falsch. Es hat keinen Platz in unserer Art.

Ist der Sternenhimmel Mond Venus herrschen Regulus von Antimon den Weg zu den Stein?, negativ, das ist ein falscher Weg, der führt sie weg von der Wahrheit und sie hoffnungslos verloren im Labyrinth für viele Jahre.

Im Urin ist die wahre prima materia der Antike?, und kann den Stein aus Urin?, falsch.

Die folgenden Methoden sind hoffnungslos verloren im Labyrinth, ihre Zeit und Geld vergeudet wird. Im Urin wurde von den alten zum Erstellen einer primitiven menstruum, einfach nur, weil sie hatte nur begrenzt verfügbaren Stoffe mit zu arbeiten.

Ein menstruum dient zum Extrahieren Salze und Öle aus Stoffen, aber sie kann nicht alleine machen die wahren Stein der alten. In unserer Zeit ist Urin einfach nicht erforderlich und ist eine Verschwendung von Zeit, umfangreiche Experimente durchgeführt durch eine Vielzahl von Alchemisten über mehrere Jahrhunderte hinweg haben bewiesen, dass der Stein war noch nie so und kann nicht gemacht werden aus Urin, sie konnte nur mit Hilfe dieses Stoffes zum Erstellen einer primitiven menstruum, ist immer noch eine Verschwendung von Zeit und Geld, die später in diesem Buch werde ich weitergeben an sie das wahre aktuelle und auf dem neuesten Stand menstruums die genutzt werden durch moderne Alchemisten.

ALCHEMY SURVIVAL GUIDE.

Sind harte Säuren oder giftige Chemikalien müssen in der großen Arbeit?, falsch.

Wie im Fall der Bienen, sie produzieren einen Stoff wie Gelée Royale, sie bringen dieses Stoffes an die Königin-Biene wie Essen, es ist einfach nur erhaben von Honig. Gelée Royal ist in der Nähe des Queen Was ist Honig für die Bienen. Aus diesem Grund ist der Honig der Substanz, die die Bee verwendet, um seine Version des großen arbeiten, unsere Version der großartigen Arbeit erfordert eine ganz andere Sache, die ist nicht Honig.

Ist Meersalz verwendet in dem großen Werk?, falsch, dies ist nur eine Metapher für unsere wahre Salz die ich für Sol.

Ist vielleicht Tau erforderlich für die große Arbeit?, falsch, es ist eine Metapher für Luna, die Formen in ihrem Gefäß als klare Flüssigkeit, ähnlich wie die Bildung von Tau im Frühling, was bedeutet, daß die Destillation war geprägt von den alten als den Anfang des großen Werkes, und damit auch die Metapher des MAI Tau.

Die Untugend." Die zweite Funktion als ob es sich um den ersten um den Verwirrung, für den echten Ausgangspunkt Extraktion, Destillation ist wirklich der zweite Schritt der großen Arbeit. Die alten einfach die zweite Teil der Arbeiten, als ob es war das erste, so dass sie möglicherweise nicht wissen am Eingang des Hauses.

Was ist die wahre philosophische ei?, ist es üblich Slangausdruck für die versiegelt-Rundkolben wie unser Ei, wir werden in der Tat erfordern eine Auswahl dieser Kolben für die tolle Arbeit, aber der wahre philosophische Ei ist das Glas Retorte.

Was ist die Philosophen Garten?, die Philosophen Garten ist eine grüne Salz, enthält sie in sich ein Stoff, der die die Alchemisten namens Mercury, sagte Stoff nicht um eine allgemeine Quecksilber enthalten, sondern vielmehr ein kristallklares Wasser.

Was ist die wahre Raben Kopf- oder schwarzen Bühne?, wenn man den grünen Löwen in der Retorte und gilt für externe Wärme, die Destillation beginnt, die Angelegenheit in der unteren der Retorte schmilzt und reduziert sich auf eine schwarze Flüssigkeit sprudelt und kocht wie z.b. pitch.

Wie das Salz volatizes, den weißen Adler nimmt Flug und geht an der Spitze, die wie eine Flüssigkeit, in der Steckdose, die ähnlich wie Tau.

Wenn der Prozess zu sein scheint beendet wurde, wird eine klare kristalline Salz links in der Destillierblase, es ist hoffnungslos festgefahren auf die Wände von Glas und es scheint, dass es keine Möglichkeit, dieses Salz aus der Retorte ohne Verunreinigung der Salz- oder Einschlagen der Scheiben, dieses reine Salz getrennt hat sich aus der Asche, die sich noch in den unteren Teil des Schiffes, das Salz ist wunderschön ist es nicht?, es ist in der Tat der weiße Stein.

Nach ein paar Monaten die Durchführung zahlreicher Experimente entdeckte ich die korrekte Vorgehensweise zum Entfernen der weißen Steine aus dem Glas, so dass es rein, und die Erhaltung der Retorte.

Ich werde über die richtige Technik mit ihnen später in diesem Buch. Wenn Sie sich an alle meine Veröffentlichungen und da ernsthafte Gedanken darüber machen, ein jeder sollten Sie finden sie den Weg zu meiner Stufe, wenn es Ihnen nicht gelingt, nicht mir die Schuld, ich habe fleißig beleuchtet den Weg für sie, viel besser als jeder andere jemals gemacht hat, ich verdiente alle wissen für mich, es war nichts da, es war verdient durch ihre Ausdauer, Mühe, und die Bestimmung, nehmen sie den gleichen Ansatz, brachte mich in dieser Kunst, wenn Sie nicht weiterkommen, verpflichten sie sich zu einem intensiven Studium bis zum Thema Verwirrung ist vorbei, dann gelangen Sie zum nächsten Level wie ich viele Male im Labyrinth.

Es ist ein tolles Gefühl, es ist die göttliche Offenbarung, es verdient wird von jedem Künstler allein. Wenn Sie auch es wäre keine göttliche Offenbarung und wäre nicht länger ein Geschenk auf dieser Welt.

Ist einfach den spagyrischen Technik, die verwendet wird, um den Philosophen Stein?, falsch!, der Stein ist eine erweiterte Ebene betrifft und somit erfordert eine andere Technik, die ich später in diesem Buch in der Partie treffend betitelt, erweiterte den spagyrischen verfahren.

ALCHEMY SURVIVAL GUIDE.

Ausrüstung.

Bereits in meinem Studium habe ich eine Person, die behauptet, der Alchimist, ich hatte einen falschen Weg von dieser Person, um den Verlust von Zeit und Geld, die einzelnen zu verkünden, ein Adept, war eigentlich ein Scharlatan war, bin ich dafür, nicht zu negativen so geht, will ich in dieser Richtung nicht weiter, sondern ich habe mich hier zu beraten ist die wahre technische Ausstattung für die Arbeit, so dass sie sich nicht Ihre Zeit und ihr Geld Kauf teurer Müll, der nicht mehr benötigt wird.

Quellen für alchemistische Materialien und Anlagen sind ein Supermarkt, Ebay, Amazon, Möbelladen, yard sales und Flohmärkte.

Wenn jemand darauf hingewiesen, dass sie, um eine teure Schmelzofen, vergessen Sie es und werfen Sie den Müll entfernt.

Wir benötigen eine Auswahl von Mörser und Pistill, müssen wir über eine aus Gusseisen oder Edelstahl, auch ein paar hergestellt aus klarem Glas, und ein paar aus Marmor oder Speckstein.

Wir benötigen daher eine Buchner funnel mit einem Gummistopfen, so dass es angebracht werden kann um einen Kolben, dann brauchen wir Kaffee Filter aus dem Supermarkt, die Buchner funnel.

Wir haben eine Auswahl an rundem aus Borosilikatglas Flakons mit Boden stopfen, eine Auswahl der Kolben, und ein paar gute aus Borosilikatglas Autoklaven kann die hohe Wärme.

Wir brauchen eine elektrische Fensterheber Schmortopf und eine Tüte Sand zum Erstellen unserer sand Bad, was ist bekannt als das ägyptische und das Feuer im alten Ägypten soll einfach nur warm Sand.

Wir brauchen ein paar günstigen elektrischen Kochplatten, Kunststoff Einweg Besteck, eine Sammlung von leeren Gläsern, Saran wrap, und eine Sammlung von antiken Vision Steinzeug Glas Geschirr für Herd verwenden, sind sie sehr gut für Ausdünstungen und calcinations.

Brauchen wir eine kleine, tragbare Klempner Taschenlampe verwendet entweder Karte gas- oder Propan, brauchen wir auch eine Gas Brenner wie ein Herd oder Grill Seite Brenner.

Alchemie Survival Guide.

ICH Speichern leer spice jars speichern Stoffe in.

Sie brauchen dann außerdem die wahre prima materia des Altertums, den sie entdecken sie auf ihrem eigenen so wie ich auch, wenn sie gelesen haben alle meine Bücher und ich habe sie alle Hinweise und Sie sollten jetzt wissen, was es ist. Meine Bücher sind bewusst reduziert zu niedrigen Preisen, sind sie bei amazon und die Alchemie und die grünen Löwen, Alchemie und das goldene Wasser, Alchemie und die Pfauen Schweif, und Alchemie Survival Guide", das Sie sind jetzt zu lesen. Wenn Sie bereit sind für gutes Essen habe ich Omas leckerer Rezepte.

Ich habe ziemlich gut abgedeckt sind die wahren einfache und preiswerte Geräte für die tolle Arbeit, ich empfehle auch beim Kauf eines klaren Glas Pipette Flasche, es hat ein Glas Pipette in den Gummistopfen. Dieses Tool ist ideal für Multiplikationen als werden wir im Kapitel Multiplikation, ich würde nicht in Kunststoff- oder farbigem Glas wie es verunreinigen können Ihre Luna.

MENSTRUUMS.

Wir wissen schon, was Stoff der Antike verwendet für ein menstruum, an diesem Tag und an Alter, bestimmten Stoff ist nicht mehr nötig, so werden wir entsorgen sie Urin komplett und it-Schrott auf den Müll.

Ein menstruum kann verwendet werden, um sich komplett aufzulösen, extrahieren, oder reinigen die alchemistische Substanzen.

Einem solchen Stoff, ich habe zur Salzgewinnung aus Asche ist einfach geil, destilliertes Wasser, löst sich ihre Asche in die Wasser-, Wärme, Filter und verdunsten, wiederholen Sie für ein höheres Maß an Reinheit.

Die menstruum verwende ich für die Arbeit ist absolut Vodka, food grade Alkohol, können verwendet werden, um das Essenzen aus einer Anlage. Verwenden Sie keinen Alkohol, was nicht so gut ist für die Nahrungsaufnahme.

Clear destilliertem Essig ist auch eine gute menstruum für das Mineralreich, ich einfach kaufen sie aus dem Lebensmittelgeschäft.

Diese drei Stoffe sind alle müssen wir in der Welt von heute, in der Kunst der Alchemie in bezug auf menstruums, daher diesen Abschnitt meines Buches bleibt kurz und süß, weil haben wir bereits alles, was wir brauchten. Es gibt nur so viele Möglichkeiten zu sagen: Wasser, Alkohol, Essig, wir bewegen uns also auf das nächste wichtige Thema.

GEWINNUNG DER ESSENZEN.

Alchemie beginnt mit Extraktion, beginnen wir diesen Prozess durch Schleifen was auch immer Stoff, wir wollen arbeiten mit in einem Mörser und Pistill.

Wir wollen die schleifen Sie unseren Stoff so fein wie möglich, und wenn dieser Prozess
abgeschlossen ist werden wir das Material in einem geeigneten Glas Becher oder Behälter für die Extraktion.

Wir werden jetzt entscheiden Sie sich für unsere menstruum, die für diese Art der Gewinnung wird entweder Alkohol oder Essig, einfach gießen Sie es in das Schiff, und deckt damit die gewählte Substanz, die aus einem großen, leeren Raum, in dem Glas, damit für die Erweiterung.

Ich wähle zur Deckung der oben mit saran wrap denn wenn der Mixbecher ist dicht verschlossen die Erweiterung Brille kann tatsächlich riss das Glas brechen und das Schiff.

Nun wählen Sie einen geeigneten Raum Temperatur Ort zum Speichern das Glas wie eine Ladentheke, ein Schrank Regal, oder einen Keller. Sie können aber auch einstellen, dass draußen in der Sonne auf einem Arbeitstisch auf ganz ähnliche Weise wie Son Tee hergestellt wird.

Keine externe Wärme benötigt wird, aber auch bei Sonneneinstrahlung gut sein kann, auch wenn dies nicht zwingend erforderlich ist.

Als menstruum beginnt zu extrahieren Sie die Essenzen aus dem Material, das Sie gewählt haben, die in das Glas, der die extrahierten Salze und Öle werden jetzt beginnen, Farbe der Flüssigkeit.

Im Allgemeinen, eine Woche ist in der Regel genügend Zeit für die Extraktion. Sie können variieren, wenn der Vorgang abgeschlossen ist können wir filtern unsere gewonnene Flüssigkeit, manchmal werden wir frische menstruum in den Mixbecher, und weiter.

ALCHEMY SURVIVAL GUIDE.

Es ist gesagt worden, daß die alten Alchemisten reduziert Jahre, Monate, Tage, Stunden, sie sprechen aus philosophischer Sicht natürlich, und was das bedeutet ist, dass ein philosophisches Jahr, ist nur ein Monat, eine philosophische Monat ist nur einen Tag, und einen philosophischen Tag ist eigentlich nur eine halbe Stunde in unserer Zeit.

Dieses Wissen kann Ihnen helfen, wenn sie lesen uralte alchemistische Texte, aber bedenken Sie, dass der alte Schriften sind so konzipiert, dass sie irreführen, und damit du dich hoffnungslos verloren in der alchimistischen Labyrinth für immer. Meine Arbeit ist allerdings so konzipiert um die Dinge zu vereinfachen, und zum Abbau der Verwirrung beitragen.

EINFACH DEN SPAGYRISCHEN VERFAHREN.

Zu diesem Thema werde ich mich auf meine Wiedergabe des primum ens mellissae.

Ich gehe davon aus, dass das getrocknete und zerkleinerte Blätter und Stängel der Pflanze, ICH weiter schleifen Sie diese in einem Mörser und Pistill, ich will jetzt dieses Material in einem großen 2000-ml-Kolben mit einem Gummistopfen, Sie können auch mit einer Glasglocke über der Oberseite mit saran wrap.

Gießen Sie in eine gute Menge, die von der klaren Alkohol, Abdeckung der Ober- und ich habe dann mein auf dem obersten Regal in meinem Schrank für ca. eine Woche.

Auf den ersten der Flüssigkeit färbt sich die Farbe von Gold, nächsten es beginnt dunkel grün als menstruum durchbricht die pflanzlichen Extrakte und das Chlorophyll.

Ich werde jetzt die ganze Masse mit einem Buchner mit Kaffeefilter und setzen auf ein anderes Gefäß umgießen.

Alchemie Survival Guide.

Ich werde die Pflanze noch tropfnass mit brennbaren Alkohol in einen geeigneten Drehofen (Schale im Freien und in Brand gesetzt. Wenn dieser Vorgang beendet ist verbrannt wird, dann werde ich die Schale in eine elektrische Toaster und backen Sie ihn für ein paar Tage.

Ich werde jetzt die das Material in einem Mörser und Pistill, dann backen sie ihn und schleifen Sie es erneut. Ich werde dieses Verfahren wiederholen, bis die Esche ist eine feine, helle graue Pulver, dann

Ich werde in den Kolben der menstruum, die ich zuvor verwendet haben, um das Wesen der Pflanze, und lassen Sie sich für vierundzwanzig Stunden.

Als Nächstes möchte ich die Abdeckung entfernen und die Flüssigkeit auf einer elektrischen Heizplatte, die Lösung in eine neue Kolben mit Hilfe des Buchner funnel und Kaffeefilter.

Ich habe dann legen Sie diese neue Kolben auf die elektrische Kochplatte, leicht verdampfende am meisten von der Alkohol auf niedriger Hitze, ich werde deshalb weiter langsam verdunsten lassen, wobei Sie sorgfältig darauf achten nicht zu brennen mein Stoff, bis er erreicht hat die Konsistenz von Honig. Soweit meine Tinktur, ICH auflösen zwei oder drei Tropfen in einen shot Glas Likör. Versuchen Sie nicht das zu Hause, schützen Sie Ihren Körper vor Tinkturen!, sie sind verantwortlich für ihre eigenen Aktionen und ich gehe nicht davon aus oder übernehmen Sie Verantwortung für ihre Aktionen, oder für den Gebrauch oder Missbrauch von Stoffen. Jetzt mit, dass gesagt wird, ich geniesse meine Tinktur.

ALCHEMY SURVIVAL GUIDE.

ERWEITERT DEN SPAGYRISCHEN VERFAHREN

Viele Menschen sind unter der Annahme, dass die Philosophen Stein wird erstellt anhand von grundlegenden den spagyrischen Verfahren, das ist nicht korrekt. Die Vorbereitung des Lapis philosophorum ist ein fortgeschrittenes Thema, die eine fortschrittliche Technik, die wir hier diskutieren.

Wir beginnen am Eingang des Philosophen der Garten ist der grüne Löwe, statt diesen Löwen in der Retorte und legen Sie sie auf einer elektrischen Heizplatte im Freien, schließen Sie ein Stativ, das für die Unterstützung, jetzt bringt ihr Gefäß und Abdichten der Fugen mit saran wrap.

Stellen Sie die Hitze auf niedrig für die ersten zwanzig Minuten, nach dieser Zeit nur sehr langsam erhöhen die Hitze durch grad, unsere Destillation dauert ca. vier Stunden. Stellen Sie sicher, dass ihr Gefäß zu groß ist, damit für spätere Erweiterungen.

Der Löwe beginnt zu schmelzen und Kuppel in der unteren Rand des Retorte, den weißen Adler beginnt auf der Flucht und geht an der Spitze, es sammelt sich in ihrem Gefäß wie eine Kristall klare Flüssigkeit, fahren Sie mit diesem Vorgang fort, bis der grüne Löwe ist auf trockener Asche in den unteren Bereich des Retorte und nichts mehr wird kommen und dann über die Spitze, jetzt schauen sie sich nur die schönen transparenten Salz, das hat sich in den oberen Teilen des Glases, der höchsten Temperatur auf der Warmhalteplatte konnte es nicht volatize genug, um an der Spitze, wenn wir versuchen zu lösen und Filter Diese Substanz wird es hoffnungslos verschmutzt, wenn wir dann die Retorte direkt auf Eine gas- Brenner auf Hoch gesetzt, die Retorte Risse und Brüche, das Geheimnis ist, dass sie mit einem portablen Klempner Taschenlampe wie mapp gas, verwenden Sie keine Acetylen Brenner!, die Spitze der Flamme an das Glas in kurzen Stößen, die Flamme etwa zur Abdeckung des gesamten Retorte ein wenig in einer Zeit, stellen Sie sicher, dass Sie die unteren auch, denn es gibt immer noch etwas Salz in die Asche. Dieses Salz ist die weiße Philosophen Stein, diesen höheren Grad der direkten Hitze volatize dieses Stoffes und fahren Sie an der Spitze und so sammelt sich in ihrem Gefäß. Stopfen des Gefäßes und markieren Sie diese mit dem Symbol für Quecksilber.

Alchemie Survival Guide.

Sobald der Retorte ist gekühlt füllen Sie es mit Clear destilliertem Essig aus dem Supermarkt, lassen Sie es über Nacht auflösen, dann gießen Sie die Asche in einen Drehofen (Gericht und vorsichtig zur Trockene eingeengt.

Sobald die Asche trocken sind, stellen Sie den Drehofen (Schale auf das Gas Brenner nach oben hoch, verwenden Sie die Klempner Fackel zu brennen die Asche in der Schale belassen, während die Brenner Köche von unten in der gleichen Zeit, die Asche kann schnell scharlachrot.

Entfernen Sie die Schale aus der Hitze und lassen Sie es abkühlen, schleifen Sie diese Substanz zu einem feinen Pulver direkt im Drehofen (Schale mit einem Stößel gut zerdrücken.

Nun Kochen Sie es auf dem Gas Brenner oder einer elektrischen Heizplatte für noch fünfzehn oder zwanzig Minuten, kein Klempner Taschenlampe diese Zeit wird verwendet werden. Danach wird die Schale kühl und speichern diese rote Pulver in einem verschlossenen Glas container Kennzeichnung Masse.

Nun einige auserwählte haben die Inhaltsstoffe der Lapis wie Salz, Schwefel und Quecksilber, die Wahrheit ist, dass es nur eine Sache, Quecksilber, das war ein Salz, das sie schwerflüchtige Bestandteile mit Wärme, es ging dann in den Helm und gesammelt in ihrem Gefäß als klare Flüssigkeit erinnert an Tau.

Nun, wir haben uns über die moderne Technik über den Stein, es bleibt trotzdem noch zusammen und Vermehrung, besprechen wir auf den nächsten Seiten will ich zwei sehr selten bekannte Geheimnisse, die Helvetius Methode, und die sendivogius Methode. Lassen Sie uns kurz auf die grünen Löwen, der Ausgangspunkt der fortgeschrittenen Arbeiten, niemand auf der Welt wird Ihnen dieser Löwe, dann müssen Sie es auf eigene Faust), bevor Sie können jetzt die großartige Arbeit, wenn sie genau lesen alle meine Bücher und Gehirn einschalten, sollten Sie haben festgestellt, dass die grüne Löwen nun, ich habe euch gegeben viele Hinweise im Laufe dieser Bücher, ich kann schreiben ein anderes Buch in die Zukunft, die sich direkt auf dieses Problem stoßen, wenn es getan werden muss.

Lassen Sie uns nun zu den letzten drei Themen dieses Buches, das Helvetius Art der Verbindung, die sendivogius Methode, und schließlich eine Multiplizierung des Stein.

DIE HELVETIUS METHODE.

In dieser Technik, wählen Sie ein durchsichtiges Glas Verdunstung Schale mit einem Glas Deckel, dass ist gut, wir werden in der Lage sein, dieses Ei später und haben genug Platz, um in die Steine zu entfernen. Keine externe Wärme wird noch nicht genutzt. Wir werden wachsen ein transparentes Gelb Philosophen Stein, ist wunderschön und erinnert an ein Schmuckstein. Wenn Wärme zugeführt wird, diese gelben Stein es wird wieder flüssig, also seien Sie gewarnt.

Bei diesem Gericht, ich mit einem Sugar Bowl, die unten von mir ist rund, meine ganze Schüssel mit Deckel ist rund wie ein Ei, eine Menge der durch Glühen behandelte natürliche Kalziumaluminiumphosphate rote Pulver in dieser Schale, genug um die Unterseite über einen halben Zoll, bis zu drei Viertel Zoll dick. Mit einem Glas Pipette, einem Getränk das rote Pulver mit Luna, die klare Flüssigkeit Destillat, gibt es genauso wie das Pulver aufnehmen kann und kaum abgedeckt werden. Setzen Sie den Deckel auf die Schüssel und legen Sie es irgendwo, dass es nicht gestört werden. Verwenden Sie keine externe Wärme. Im Laufe von ein paar Wochen, so werden die Steine wachsen in diesem Pulver, da das Glas ist klar werden sie in der Lage sein, einen Blick in das Innere ohne Berühren dieses Schiffes.

Sie werden bemerken, dass sich die Steine wachsen bis zu einem bestimmten Punkt erreicht ist, dass sie offensichtlich nicht noch größer, sobald dies der Fall ist sanft und vorsichtig gezupft diese Steine aus dem Pulver und legen Sie sie in einem verschlossenen Glas-Rundkolben mit Schliff, speichern diese Behälter vor Hitze und soll es auch bleiben ungestört für jetzt, wir werden wieder diese Arbeit in den markierten Bereich Multiplikation.

Die Methode, die Helvetius verwendet, damit der Stein war auch bekannt als der schmutzige weg von den alten.

SENDIVOGIUS METHODE.

In der Sendivogius Methode zur Gewinnung von Stein, werden wir mit einem runden Kolben, der stoppled mit geschliffenem Glasstopfen, werden wir jedoch nicht nutzen Sie die Stopper bis wir auf die Vermehrung der Steine.

Setzen Sie den Kolben in einen Behälter mit Sand auf einer elektrischen Heizplatte stellen sie auf einer sehr niedrigen Temperatur wie Körperwärme, oder die Wärme eines schlüpfen Hähnchen.

Mit dem Glas Pipette Tropfen zwei oder drei Tropfen von Luna in den Kolben, lassen Sie es allein bis es trocknet in einem Salz.

Nachdem es getrocknet ist, nehmen Sie es mit einem anderen zwei oder drei Tropfen von Luna, so dass sie trocken wieder auf seinen eigenen.

Nachdem der Platz von zwölf Stunden sollten Sie haben eine schöne, große Steine. Nehmen Sie es aus der Hitze, Stopple ihre Kolben, und wir werden weiter zur Vermehrung.

IN DEN WORTEN VON SENDIVOGIUS SELBST,

EINFACHHEIT IST DIE DICHTUNG VON WAHRHEIT.

ALCHEMY SURVIVAL GUIDE.

MULTIPLIKATION.

Mit dem Glas Pipette gewöhnen ihren Stein mit nur so viel Luna als sie aufnehmen kann, und nicht mehr. Dichtung Ihr Ei, lassen Sie es bleiben ungestört und ohne äußere Wärme angewandt. Es wird nach und nach auflösen, gerinnen, und fix selbst in einen weißen Stein, sobald er das getan hat sie wieder erleben wollen es so wie vor, neu abdichten Ihr Ei, und legen Sie es in warmem sand bei Körpertemperatur oder die Hitze eines schlüpfen Hähnchen, warmes Sonnenlicht auch ausreichen wird. Sie werden sich selbst in einen goldenen durchsichtigen Stein, wie golden glass. Sie können sich nun sicher die Wärme langsam von Grad und es wird rot wie ein Rubin.

Dies ist bekannt als eine Umdrehung des Rades, das heißt: eine Multiplikation, ist es jetzt der Stein vor dem ersten Ranges, wenn es erreicht feste weiße nach dem ersten Samenquellung Ende, es war der weiße Stein von der ersten Ordnung, aber nun mit der zweiten Farbe durch Durchtränkung der geschehen war, und mit der Anwendung der externen Wärme mit Hilfe des ägyptischen Brand, hat es sich zum Roten Stein des ersten Auftrags.

Wenn ein paar Körner in der Größe der Körner von Salz, stammen aus dieser roten Stein, und dann aufgelöst und verdünnt mit einem klaren food grade Flüssigkeit bis es wird die Farbe des flüssigen Goldes, ist es dann erlaubt, sitzen vier Tage im verschlossenen Glas und gefiltert. Diese goldene Flüssigkeit ist aurum Solis, das Elixier des Lebens, dies ist die Medizin für den Menschen.

Wenn wir aus dem Stein die erste Bestellung Wir hatten die Wahl zwischen, könnten wir bleiben, wie sie von der weißen Stein durch den Wegfall der äußeren Wärme, oder erhöhen Sie den roten Stein mit der Anwendung von Wärme in Verbindung mit der zweiten Samenquellung Ende.

Alchemie Survival Guide.

Wie Sie sich dafür entschieden haben, fahren wir mit den Multiplikationen, Aurum Solis ist die höchste Medizin für den Menschen, wir brauchen keine andere untere Medizin aus dem weißen Stein. Die weißen Steine können erhöht werden für Silber, oder der rote Stein für Gold. Jeder Stein wird nicht Tönung die Metalle bis drei Umdrehungen des Rades wurden umgesetzt. Also wir haben in der ersten Umdrehung des Rades, der rote Stein traf die beiden imbibitions zu erreichen eine Umdrehung des Rades, in der Erwägung, dass der weiße Stein fand nur eine starke Durchtränkung zu drehen Sie das Rad. So können wir feststellen, daß die imbibitions der rote Stein sind doppelt so viele wie die der weißen, und damit die Vermehrung der roten Stein wird doppelt so lang wie die der weißen.

So drehen Sie das Rad wieder genau so wie sie es das erste Mal, und sie bringt uns zu der zweiten Vermehrung, und Sie müssen dann die dritte Umdrehung des Rades, die Steine über die Metalle, kann es sein, dass wir noch weiter gehen, Flamel bevorzugte vier Umdrehungen an diesem Rad, einige gehen so hoch wie sieben Umdrehungen oder Multiplikationen. Eine Unze von flamels Stein des vierten Multiplikation ist sagte zu Tönung hundert tausend Unzen von minderwertigen Metall, jede Umdrehung des Rades multipliziert die Steine durch zehn Mal, so können Sie berechnen ein Verhältnis mit dieser Zahl, das heißt zum Beispiel, dass in einem Teil der Stein des Dritten Ordens würde Hauch zehn tausend Teilen, die zusätzliche Drehung des Rades multipliziert seine tingeing macht durch das Zehnfache, das Verhältnis zu einem Teil aus Stein zu hundert tausend Teile aus Metall, einfach multiplizieren oder dividieren, eine Tabelle, in der die Quote für jede Ebene der Stein. Die Steine der ersten und zweiten Ordnung haben keine tingeing, so berechnen Sie die fünfte, sechste und siebte. Ich werde gehen Sie einfach weiter und machen es für Sie da sind wir so weit, daß man auf eine Million Einwohner, ein bis zehn Millionen, ein bis einhundert Millionen Euro, das die fünfte, sechste und siebte dreht sich der alchemistischen Rad.

ALCHEMY SURVIVAL GUIDE.

Die alten Weisen nicht über mein Geschäft gekauftes Schmortopf mit Sand gefüllt, oder elektrischen Kochplatten, so sie wollten einfach ihre Multiplikationen ein wenig anders. Nach Samenquellung Ende würden sie begraben ihre Eier in den Schmutz nach unten in den Keller, sie würden mit einem langen Hals, so dass sechs Zoll der Hals über dem Boden, sie würden dieser Ausschnitt mit ausgehöhlten Eiche runden zum Schutz vor Kälte, so konnten sie zu heben Sie die runde und suchen in ohne das Ei, zur Prüfung ihrer Fortschritte. Sie verdreifachte sich die Anzahl der Luna verwendet für die starke Durchtränkung, und lassen Sie die Eier vergraben für etwa ein Jahr, dies gab ihnen drei Umdrehungen des Rades, und produziert die Roten Stein, in eine starke Durchtränkung, ein Jahr der coction. Das Ergebnis ist das gleiche wie dem auch sei, und ihre Methode ist gut, je niedriger die Temperatur desto länger dauert es, aber desto besser wird das Endprodukt, für natürliche Feuer ist eine zerstörerische Kraft, er kann die Arbeit in einem leichten Verlust von Qualität, zu viel Hitze allerdings, und die Arbeit ist ruiniert. Nach dem einem Jahr würden sie graben Sie das Ei, entfernen Sie den halben Stein, wieder erleben wollen wie vor und wieder begraben das Ei für das nächste Jahr ernten, Multiplikation ins Unendliche, was bedeutet, dass die Notwendigkeit für einen Quarz-Kolben, ist ein Mythos. Ich hoffe, sie haben mein Buch, ich hoffe, Sie haben es als sinnvoll in ihre Arbeit, und ich heiße Sie, gute Nacht.

Der Magnum Opus DVD
www.createspace.com/381734

http://www.howtomakethephilosophersstone.com

www.ingramcontent.com/pod-product-compliance
Lightning Source LLC
Chambersburg PA
CBHW021000180526
45163CB00006B/2440